我的第一本科学漫画书

升级版

# 科学实验王

## KEXUE SHIYAN WANG

**8** 基因与遗传

JIYIN YU YICHUAN

[韩] 小熊工作室/著

[韩] 弘钟贤/绘

徐月珠/译

21 二十一世纪出版社集团

21st Century Publishing Group

**审订序**

# 通过实验培养创新思考能力

少年儿童的科学教育是关系到民族兴衰的大事。教育家陶行知早就谈道："科学要从小教起。我们要造就一个科学的民族，必要在民族的嫩芽——儿童——上去加工培植。"但是现在的科学教育因受升学和考试压力的影响，始终无法摆脱以死记硬背为主的架构，我们也因此在培养有创新思考能力的科学人才方面，收效不是很理想。

在这样的现实环境下，强调实验的科学漫画《科学实验王》的出现，对老师、家长和学生而言，是件令人高兴的事。

现在的科学教育强调"做科学"，注重科学实验，而科学教育也必须贴近孩子们的生活，才能培养孩子们对科学的兴趣，发展他们与生俱来的探索未知世界的好奇心。《科学实验王》这套书正是符合了现代科学教育理念的。它不仅以孩子们喜闻乐见的漫画形式向他们传递了一般科学常识，更通过实验比赛和借此成长的主角间有趣的故事情节，让孩子们在快乐中接触平时看似艰深的科学领域，进而享受其中的乐趣，乐于用科学知识解释现象，解决问题。实验用到的器材多来自孩子们的日常生活，便于操作，例如水煮蛋、生鸡蛋、签字笔、绳子等；实验内容也涵盖了日常生活中经常应用的科学常识，为中学相关内容的学习打下基础。

回想我自己的少年儿童时代，跟现在是很不一样的。我到了初中二年级才接触到物理知识，初中三年级才上化学课。真羡慕现在的孩子们，这套"科学漫画书"使他们更早地接触到科学知识，体验到动手实验的乐趣。希望孩子们能在《科学实验王》的轻松阅读中爱上科学实验，培养创新思考能力。

北京四中　物理教研组组长　物理高级教师　**厉璀琳**

# 伟大发明大都来自科学实验！

所谓实验，是为了检验某种科学理论或假设而进行某种操作或进行某种活动，多指在特定条件下，通过某种操作使实验对象产生变化，观察现象，并分析其变化原因。许多科学家利用实验学习各种理论，或是将自己的假设加以证实。因此实验也常常衍生出伟大的发现和发明。

人们曾认为炼金术可以利用石头或铁等制作黄金。以发现"万有引力定律"闻名的艾萨克·牛顿（Isaac Newton）不仅是一位物理学家，也是一位炼金术士；而据说出现于"哈利·波特"系列中的尼可·勒梅（Nicholas Flamel），也是以历史上实际存在的炼金术士为原型。虽然炼金术最终还是宣告失败，但在此过程中经过无数挑战和失败所累积的知识，却进而催生了一门新的学问——化学。无论是想要验证、挑战还是推翻科学理论，都必须从实验着手。

主角范小宇是个虽然对读书和科学毫无兴趣，但在日常生活中却能不知不觉灵活运用科学理论的顽皮小学生。学校自从开设了实验社之后，便开始经历一连串的意外事件。对科学实验毫无所知的他能否克服重重困难，真正体会到科学实验的真谛，与实验社的其他成员一起，带领黎明小学实验社赢得全国大赛呢？请大家一起来体会动手做实验的乐趣吧！

# 目录

人物介绍

## 范小宇

**所属单位：** 黎明小学实验社

**观察报告：**

· 对于心怡和艾力克关系变好，感到无比伤心。

· 然而对打工和实验的热情依旧未减。

· 虽然基础较弱，但通过快乐的学习，获取了更多知识。

**观察结果：** 终于认识到，人需要的是志气，而不是幼稚的赌气。

## 江士元

**所属单位：** 黎明小学实验社

**观察报告：**

· 无法认同柯有学老师的一席话。

· 在精英教育院，与一群实力卓越的组员共同实验，感到新鲜和兴奋。

· 经历过一场大病，终于顿悟精英教育院和黎明小学实验社的不同之处。

**观察结果：** 终于体会到，过去厌恶和反感的黎明小学实验社，对自己而言，是一个非常特别的社团。

## 罗心怡

**所属单位：** 黎明小学实验社

**观察报告：**

· 自从和艾力克熟识后，便马不停蹄地展开个人特别训练。

· 喜欢实验的程度无人能及，行动力更是无人能比。

· 总是能够从他人的身上发掘优点。

**观察结果：** 通过个人特别训练，领悟到成长与进步并非单靠盲目的苦读。

## 何聪明

**所属单位：** 黎明小学实验社

**观察报告：**

- 通过个人特别训练，正积极调查各级中学的暑假活动。
- 拿自己的事情，不断取笑灰心丧气的小宇。
- 在一次协助跆拳道社团队长的过程中，发现了一个惊天动地的事实。

**观察结果：** 再次体会信息的重要性，并不在于数量的多寡，而在于适地适用。

## 艾力克

**所属单位：** 科学实验补习班

**观察报告：**

- 实验天才，同时拥有快速、正确且吸引众人目光的实验天分。
- 认为世界上能够了解他的，只有柯有学老师一人。
- 虽然完美掌握科学理论，但不懂人情世故和变通。

**观察结果：** 通过大小事件，了解到小宇、聪明、心怡的优点，并对他们产生莫大的兴趣。

## 郑安迪

**所属单位：** 大海小学实验社

**观察报告：**

- 一方面欣赏拥有卓越实力的江士元，一方面期待与黎明小学实验社的对决。
- 乐于和有实力的对手一较高下，并懂得为对手加油打气，展现出大将之风。
- 具有实验执行力，懂得运用各种资料和影像器材，将实验变得更加有趣。

**观察结果：** 经过与士元的对决，更期待与黎明小学在全国大赛中相遇。

### 其他登场人物

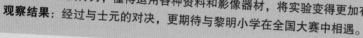

❶ 督促同学们展开个人特别训练的黎明小学实验社导师柯有学。

❷ 士元在全国科学精英教育院实验班的同学。

❸ 崇拜范小宇的跆拳道少女林小倩。

❹ 为了弥补自己的过失，决定揭发事实真相的跆拳道社队长。

❶　　❷　　❸　　❹

# 第一部

# 特别训练时间

好，那我们可以开始讨论了吗？

已经迟了3分钟！

好，所剩时间不多了。

我们的实验主题是骨骼的支撑力。

我知道，对方的主题是关于骨骼的代谢。

为此，我特地准备了一样东西哦！

对，有了。

这个台灯可以像这样往前弯曲。

你们没有联想到什么吗？像不像人体的骨骼？

人体的骨骼……你指的是可以弯曲，挺直，侧向转动的脊椎。

台灯

脊椎

啊，这里也有。

它可以挺直或弯曲，

但不会往后倾倒的铰链，就如同……

我们的手肘！只能向内弯，而不能往外弯。

正是如此。

16

你的意思是，我们来做一个与骨骼的运动形态有关的实验？

正是。我们人体的骨骼常以软骨相连，关节分为软骨关节、纤维关节、滑膜关节。

骨骼

软骨

骨骼

但它们运动的形态却各不相同。

其中，颈椎有寰枢关节，因而头部可做左右转动。

转

转

手肘则属于只能够弯向一侧的铰链型连接。

另外，肩膀和腿则是可以做上下左右任何方向的运动。

你如何进行实验？你要制造每一个构造体吗？

实验方法好好想想就有啦！

两位，关节支撑力和骨骼的保护力没有直接的关联。

对啊！

17

那你有什么想法？

对，毕竟一开始主张做骨骼功能实验的是你自己。

我认为我们做一个与骨骼的支撑力有关的……

患有骨质疏松症的骨骼

正常的骨骼

骨质疏松症实验最为适当。

没错！骨质疏松症……

骨质量和骨密度下降导致的疾病，对吧？

嘤

骨质的流失，会导致骨骼变得脆弱，

而变脆弱的骨骼会直接影响身体的支撑力！

点头

好，这个主题不错！

我们一定可以以高分取胜。

不过……骨质疏松症有关的实验很难找。

也对，骨质疏松症通常是通过X光或超声波进行检查。单凭我们能够准备的实验工具，的确难以进行跟骨质疏松症有关的实验。

我提议：我们各自回去想方法，今天的讨论就到此为止吧！

若有任何消息，我们随时联络。

好，加油！

……

啊！我有一种感觉，

转身

如果我们是一个团队，很可能就是全国之冠。

我也有同感。学校教的净是一些无聊透顶的理论说明。

还要背负带领实验社同学们备战的压力。

没错，身为领导者都会对此感同身受。尤其……

呼

......

当你面对实验社成员实力不平均的问题时，更是雪上加霜。

嘻嘻......

哗哗 哗哗

哗哗

大兴中学 庆典

哗哗

蹦蹦跳跳 蹦蹦 跳跳

......

啊

为什么我走到哪里你就跟到哪里啊?

你搞错了!调查每一所中学的暑假活动,是我的训练项目之一呢!

哗

哪像你在这里到处捡便宜。

你说什么!

来,电脑常识有奖问答活动,有没有同学要报名参加......

有奖问答活动

23

24

欢迎来挑战！获胜者可领取丰富的奖品。

成语接龙

惊！

拉！

我！我！我就是成语接龙高手！

唰！

小宇，别担心。

呼……

心怡并没有和艾力克交往。

呼呼

为了答谢你，我来告诉你另外一个秘密。

另外一个秘密？

你这个人的秘密还真不少，是什么事情？

27

28

没错，是我弄掉在先，但是！

我准备要捡起来时，却被你给踩过去了！

所以你才是罪魁祸首！

掉

踩踏

点头点头

跆！

拳！

呜哦哦哦

嗖

道！

妈呀！

你把我当成什么啊？

火冒三丈

咿呀

像我运动神经这么好，怎么可能会躲不过在路面上的东西？

呃，跆拳道社的队长？

我们惹错人了。

你是黎明小学的学生对吧？我要去报警，告你恶意损坏我的游戏机，并且暴力恐吓！

这么一来，看你们的跆拳道社团还能不能继续生存。

握拳

什么？看来你也是黎明小学的学生？

哼！你休想因为就读同一所学校，就想替他脱罪！

好！你是要我证明给你看是吗？

你要怎么证明？游戏机都已经支离破碎了！

队长，你把鞋子脱下来！

你……你这是在干吗？

相信我，队长！

我知道！你因为小倩
而讨厌我这个人……

害怕

这是什么话？
我从来就没有
讨厌过你……

嗯？

你说没有讨厌过我？
那我以后就可以放心去找
小倩了吗？

开心

这……
这……

你放心！
我保证绝对不会影
响小倩的心情和
训练的进度！

撒娇

有了我的支
持，反而对她
会有帮助的！

啊？

慢着！
你说什么？

当然！

哈啊啊啊

我们俩很有缘！直到那一天，我才真正了解小倩对我也有好感！

就是她一手高举我送她的玫瑰花的那一刻。

玫瑰花？

紧张

请帮我加油打气！

这家伙，根本就不知道他写在那朵玫瑰花上的名牌被我剪掉的事，难怪他一直认为小倩喜欢他！

咔嚓

问死男

开心

啊，我终于可以常常见到小倩了！感谢老天对我的眷顾！

天哪！你搞错了！

谢谢你，队长！

我……我怎么会……

做出那种缺德的事情？

啊

## 实验1　你的皮肤感觉灵敏吗？

　　皮肤可感受的感觉大致可分为触觉（软硬）、温觉（冷热）、压觉（压力）及痛觉（伤痛）四种。人类的皮肤结构分为三层，由外而内分别为表皮、真皮、皮下组织。其中，分布于真皮层内的各种感觉神经末梢，负责接收各种信息并传递至脑部。皮肤可迅速传递各种感觉，让人体认知，适应外部环境。

　　通过以下简单的实验，进一步了解皮肤感受感觉的过程吧。

**准备物品：**杯子3个 、热水 、温水 、冰水

❶ 在3个水杯中分别倒入热水、温水和冰水，并依次排列。

❷ 把右手食指放入热水中，左手食指放入冰水中感受温度，并静待约2分钟。

❸ 将两根手指抽出，并同时放入温水中，感受手指的感觉。

❹ 接触过冰水的手指会感到温水是热的；而接触过热水的手指则会感到温水是冰的。

我们的皮肤所感受的各式各样的感觉，是由皮肤中的感受器（神经纤维的末端）负责接收，再由感觉神经传达到大脑。刺激强度不同，感受程度也会不同。

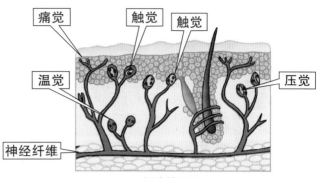

皮肤的剖面

人类的感觉在周围环境变化时最敏感。初次面对不同温度时，皮肤的感觉神经会将有关温度的信息立即传递至大脑，但随着时间的延长，皮肤已经适应了环境温度。此时，让接触过热水的手指头接触温水，温水的温度比热水的温度低，所以手指的感觉是冰的。而让接触过冰水的手指头接触温水时，冰水的温度比温水的低，所以手指的感觉是热的。

# 实验2  感受味道的器官

人类的舌头上约有3000多个味蕾（味觉感受器），味蕾可感知在口中被唾液初步消化的食物，分辨食物的味道，并通过神经传递至大脑。然而，传递至大脑的味道信息并非仅仅来自舌头。让我们通过以下实验来一探究竟。

**准备物品：** 苹果、洋葱、马铃薯、胡萝卜、刀、水杯、眼罩、朋友

❶ 首先，将苹果、洋葱、马铃薯和胡萝卜切成大小相同的方块状。

❷ 其中一人用眼罩遮住眼睛，并用鼻塞堵住鼻孔，使之无法闻到气味。

❸ 另一人把切成块状的食物放入遮住眼睛的朋友口中。

❹ 请朋友品尝并说出味道。用水漱口后，再品尝其他食物。

❺ 结果，因各种食物口感类似，被测人无法正确猜出它们的名称。

这是什么原理呢？

当你闻到自己喜欢吃的食物的气味时，是否会不由自主地流口水呢？在鼻子内部，嗅细胞所扮演的角色，就是负责接收气体状态的物质，从中区分上万种气味，并将之传递至大脑。

除了鼻子和舌头外，我们在感受味道的过程中，视觉、触觉和听觉也会产生各种不同的影响。

咖喱鲜艳的黄色看起来真的很可口。浓郁的香味和蔬菜新鲜的口感也很不错哟！

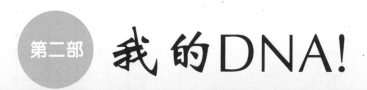

第二部 我的DNA!

对，聪明，
你来学校一趟，
我有事情要告诉你。

好，我在体育馆等你。

小倩！

顿住

训练结束后，我们聊一下吧！

嗯？

喃喃自语

对……误会是因我而产生的，

就该马上解决才行！

？

事情怎么会搞成这样！

罪魁祸首……

颤抖

颤抖

颤抖

怒气冲天

就是范小宇那个臭家伙！

44

45

46

那是小倩和社长，气氛很凝重……

没错！

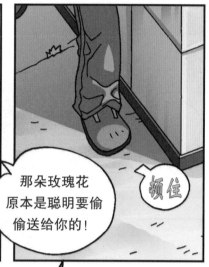

那朵玫瑰花原本是聪明要偷偷送给你的！

顿住

什么？他们在谈我送的玫瑰花？

呃……

你为什么要做出那种事情？

害我还以为是……

气炸

所以我才要跟你道歉啊！你听我说，现在最让我担心的是那个家伙！

聪明他一直以为你喜欢他！

啊？

你刚刚不是说想要重生什么的?

是!

我希望能够脱胎换骨,成为比现在更聪明、更英俊、更帅气的男子汉!

嘿嘿嘿

像艾力克那样吗?

对!

不是!

我没说!

好,不过你和艾力克的DNA是截然不同的!

这我也知道!

啊,难道没有可以改变DNA的方法吗?

我记得在电视上看过。听说目前正在研发一种可以复制细胞的技术!

干细胞是具有制造身体组织能力的细胞，

可用于受损的脏器的再生。

细胞分化

囊胚

培养

肝

心脏

骨骼

利用干细胞来复制，或许可以创造出另外一个范小宇……

但结果应该会跟现在一模一样，或者比现在的你更健壮。

我所希望的是可以蜕变成崭新的面貌，才不要跟现在一样！

喂，你已经够帅了。

惊吓

好。进入21世纪之后，染色体的密码都已经被解读了，

或许再等一阵子，是有这个可能。

或许再等一阵子，是有这个可能。

挖鼻孔

……

染色体和DNA都是细胞内所含的物质。

干细胞是一种角色未定的未分化细胞。

无奈……

细胞……

您是指用显微镜才能看到的、这么小的东西吗？

您说DNA就在那里面？

没错。我们的身体是由细胞组成的，

在短短1秒钟内，有数百万个细胞会陆续凋亡，同时也会分裂出数百万个新的细胞。

构成细胞的组织中，包括了细胞核，

细胞

而细胞核中，则含有23对拥有基因信息的染色体。

细胞核

染色体

DNA

哦哦哦!

染色体是含有DNA的蛋白质。

想啊!

你想看你的DNA吗?

不过，细胞都已经那么小了，它内部的DNA要怎么看啊?

DNA的形状犹如一捆线，结构呈双螺旋状。

把它拉成一条直线，其长度会超过2米。

只要使DNA凝结，就可以一目了然。

所需的准备物品包括……

惊吓

啊!

呵!

手忙脚乱

试管、纸杯、8%的盐水、25%的洗涤剂、乙醇、试管架、烧杯、滴管、温度计、50℃的水……

呼!

呵!

放

放

注[1]：水25毫升即为25克。

这样就可以了。

呜！

现在，把你所吐的溶液取5毫升滴入试管里。

5毫升……

接着，再把稀释而成的25%洗涤剂溶液滴入试管内，

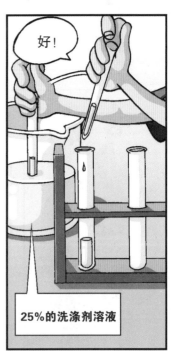

好！

25%的洗涤剂溶液

59

不是有些家伙的大脑就像士元或艾力克那样既敏锐又特别吗?

两个兼具聪明和才华的天才儿童!

大吼

……

呼……

没错,我也遇到过这种家伙。

哈哈

当时的他,永远是班上的第一名……

而且他言行举止以及身上所散发的气质,就像贵族一般高傲。

暴怒

没错!

不过,他也有悲惨的一面。

咦,真的吗?什么悲惨的一面?

好奇

我记得当时班上有一位既顽皮又不会读书的同学,

可是很多人却非常乐意和这位同学做朋友。

你又在罚站啊?

……

嘿嘿

反观那位神童，因为交不到朋友而永远孤零零一个人。

你说他悲不悲惨？

哎呀，老师您怎么可能会知道嘛！

嘿嘿

像他那种神童，是不可能因为看到一个顽皮鬼而感到悲惨的。

我很清楚，因为那位神童就是我本人。

啊……

时间应该差不多了，把试管拿出来吧！

想到！

……

取出

61

接着把10毫升的乙醇顺着试管壁慢慢滴入。

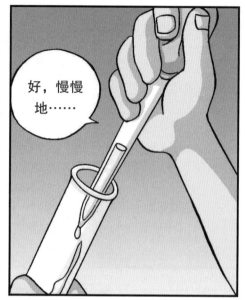

好，慢慢地……

紧张

……

DNA会溶于水，但乙醇则不然。所以利用乙醇做"萃取"，进而使DNA凝缩。

如果实验顺利的话，你就会看到DNA浮上乙醇层的情况。

凝神注视

……

我同意。

嘻嘻

就如同我没有他们的DNA，他们同样也没有我的DNA。

搞不好他们也正在羡慕着我范小宇！

哇哈哈哈哈

好羡慕哦！

有可能吗？

应该不会吧！

呃

譬如说……我这一排洁白的牙齿！

你未免也想太多了吧……

哼

或者是超炫的发型……又或者是我这洪亮的大嗓门儿啊！

抱头痛哭

您怎么可以这么瞧不起我！您就不能配合我一下吗？

# 改变世界的科学家——孟德尔

**孟德尔（1822—1884）**

孟德尔发现了遗传定律，预知了染色体的存在，开创遗传学，对后世生物学的发展有重大的贡献。

格雷戈尔·约翰·孟德尔（Gregor Johann Mendel）发现遗传定律揭示了生物遗传奥秘的基本规律，是近代遗传学的奠基人。

孟德尔1822年出生于奥地利一户农家，因家贫而大学辍学，后来到奥古斯丁修道院担任修道士一职。自1856年起至1863年止，孟德尔进行了约8年的豌豆杂交实验。豌豆是一种自花传粉的植物，但孟德尔却以人工授精方式，对一高一矮的同品种豌豆进行杂交，获得了只产生高植株的种子。孟德尔将他的研究结果进行汇整，并于1866年在布尔诺自然科学会会刊上发表了主题为《植物杂交试验》的论文。他在这篇论文中提出遗传学的基本定律，后人称之为孟德尔定律。但是，他的这些发现在当时并未受到学术界的重视。最后在1884年，带着学术未能获得认同的遗憾，孟德尔结束了他的一生。

直到1900年，孟德尔定律才由三位植物学家——荷兰的德弗里斯、德国的科伦斯和奥地利的切尔马克，通过各自的专业领域分别予以证实，进而成为近代遗传学的基础，从此孟德尔也被公认为是遗传学的奠基人。

## 孟德尔定律

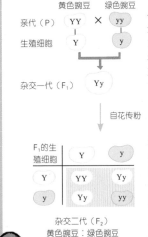

**显性原则**

遗传因子可以是显性（Y）或隐性（y），但携带显性和隐性遗传因子的个性只表现显性性状。

**分离定律**

在使杂交一代（F1）自花受精后所产生的杂交二代（F2）中，显性和隐性的呈现比例为3：1。

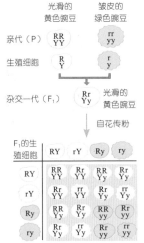

**自由组合定律**

彼此呈不同配对的性质，各自以独立方式进行遗传。举例来说，外壳的形状和颜色不会对彼此造成影响，而是以独立方式进行传递。

# 博士的实验室1

## 流鼻血的正确处理方法

流鼻血时，头部要微向前倾，以减低血管压力，促使血液凝固。

这已经是博士彻夜实验的第三天了，我得送一些花生让他补充营养才行。

可见他有多疲劳……

他竟然趴在桌上睡觉。

博士！
您流鼻血了！

啊？

您竟然边流鼻血边睡觉……

鼻血已经干了！

啊！不能往后倾！

咻

接着用手指捏住鼻头较软的组织，或将脱脂棉塞入鼻孔内，以利止血。

捏

制作冰袋来轻轻按摩鼻梁，促使血管收缩，有助于止血。最重要的是，切勿抠挖鼻孔或用力擤鼻涕。

另外，请勿频繁更换脱脂棉，以免黏膜受到损伤。

# 第三部

# 新的实验班底

今天的上课内容，是从实验中找出科学理论，并对此进行讨论。

首先，我们来做一个实验吧！

请每位同学到前面各拿一个苹果。

放

挤成一团

伸手

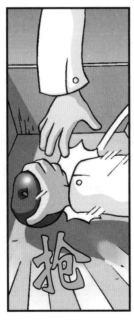

抢

不好意思！我比你快了一步！

自来水

盐水

醋水

保持原状

好，我们来讨论跟这个实验有关的化学反应。

依照内容的难度，会有加分。

老……师！

这是植物的褐变反应。

当去皮的苹果、马铃薯或香蕉等植物与氧气接触时，会变成棕色或黑色。

不能简单地认为是与氧气的接触结果。

虽然这四者暴露在氧气中的程度大致相同，但苹果在醋水和盐水中的褐变则截然不同。

对！单凭眼睛所见的结果，无法判断出正确的理论。

我的身体非常不舒服，可以准许我去一趟医务室吗？

好，好。医务室在1楼。

应该有人陪他一起去才对吧？

……

……

呀……

我……去……

没关系。

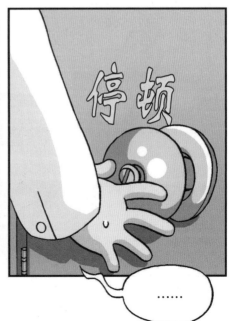

……

由于多酚氧化酵素是由蛋白质构成，

所以只要加热，即可抑制其作用。

江士元！等一下！

没关系，我可以自己一个人去。

我是要问你……

79

不只是昨天，是从上一次开始到现在……

你教我时，我会觉得没那么复杂，但自己在家里复习时，却让我完全摸不着头绪。

成功!

哇

哎呀

这表示我没有扮演好实验伙伴的角色……

不……不是！是我的能力不足！

老师为什么会叫你找一个实验伙伴呢？

人类的大脑比较容易记住通过多种感官所获得的信息。

就算你无法当场理解，记忆也不会凭空消失的。

这就是实验的优点，也是实验伙伴的优点。

视觉

视觉
嗅觉
触觉

啊，所以我的训练……

81

我现在才发现我们的肤色差很多啊!

影响肤色的关键,在于麦拉宁色素。

麦拉宁色素的沉淀程度,也会随着人种、遗传或环境的因素而有所差别。

而你正是比较容易沉淀黑色素的人种。

麦拉宁黑色素

微血管中的血红素

胡萝卜素

你所谓的麦拉宁色素,是指制造黑斑或雀斑的色素吗?

没错。当皮肤被强烈的阳光照射时,在皮肤底层的麦拉宁色素便会制造色素,以避免皮肤被晒伤。

麦拉宁黑色素

而肤色之所以会变黑,是因为这些色素沉淀在皮肤底层所致。

我觉得你的皮肤又白又嫩啊!

盯视

真的?

好，完成了！

哇。

不过……
你拿这些要做什么呢？

搅

拌

刚刚我已经说过这是与皮肤有关的实验吧？

对，一种保养肌肤的秘诀。

没错。我们人体的皮肤除了具有感受感觉的功能外，也能调节体温，是保护人身的屏障。

为了保护皮肤，我制作了一种保湿乳液。

来，
这是为你制作的保湿乳液。

锵

啊……

对！只要能够交到一个知心的朋友，

我就心满意足了。

假如我是一个平凡的人，或许我就可以很轻易地遇到这种朋友。

可……是……

你并不平凡啊！

我也知道。

我指的不是实力，

而是你很特别！

?

尤其看着你在做实验时……

让我感觉仿佛置身在一个魔法世界！

每当跟你一起做实验时，我总是会有一种来到不同世界的感觉。

# 培养皿的使用方法

切记，绝对不能在培养皿中倒入热水或拿来加热。

倒水

　　培养皿是观察种子发芽、根毛发育或苔藓等微小植物，以及培养霉菌或细菌等微生物时经常使用的实验器皿。此外，也常被用于分类或保存实验材料。依照其直径的大小，大致可分为9厘米、12厘米、15厘米、18厘米等尺寸。由于它是用玻璃或塑料制成，因此绝对不可以倒入太热的水或直接拿来加热。

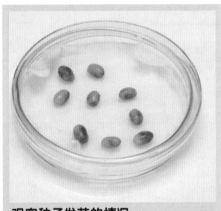

**观察种子发芽的情况**

　　在培养皿内铺上一层棉花，倒入适量的水，再放入红豆，盖上盖子，观察种子发芽的情况。

**观察植物的根毛**

　　在培养皿内铺上一层干布或黑色纸张，倒入适量的水，放入葡萄籽，观察根毛发育的情况。

**观察霉菌**

　　将面包块放入培养皿内，倒入糖水，并置于温暖但不会有日光直射的场所，以利于观察霉菌。

**观察微小植物**

　　将苔藓等微小植物放入培养皿，并进行观察。

# 玻璃管的使用方法

　　玻璃管是取代滴管取出液体时，或做气体扩散实验时经常使用的实验器具。依照形状的不同，可分为直管、曲管、Y形管及U形管；依照管子的直径大小，可分为3毫米、5毫米、6毫米、7.5毫米及9毫米等。使用玻璃管时，应避免使用末端尖锐的产品；若尖锐时，可以通过加热的方式，将其末端烧圆滑后再使用。此外，在实验过程中，请勿让玻璃管直接触碰口鼻或眼睛等部位，以免受伤或感染。

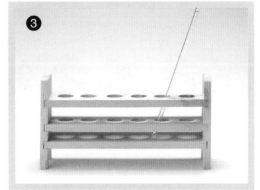

变柔软吧！

❶ 吸取液体时将玻璃管伸入液体，用大拇指压住玻璃管的顶端。然后将玻璃管抽出液体，将管口移到需要滴入液体的地方后将大拇指放开即可。

❷ 套橡皮管时，先将玻璃管末端用水沾湿，再旋转插入即可。

❸ 使用后，应将玻璃管清洗干净，并放置于试管架上。

# 深藏不露的才能

95

啊，你醒啦！睡得好吗？

是……

就如你说的，主治医师也说你的症状并没有很严重。但是，

以防万一，我们建议你还是多休息几天……

我没事了。

不。

若有问题，我一定会告诉你的。

嗯？

呃!

是你?
我们以为你不会来,
正想要走了呢!

既然来了,
就开始吧!

放下

等你快
20分钟了。

好吧,
反正我也很好奇
士元能提出什么
好点子。

咔啦

没错,这次的
实验竞赛我们一定
要拿最高分。

否则就太
丢脸了。

点头
点头

没错。这么一来，分数很有可能会

全集中到他一个人身上。

由于这次的评分会综合团体和个人两项分数，

所以我们得分工才行。

这一点我也认同。

而且分工合作也比较有效率。

你有什么看法吗？

我认为准备的事就由士元负责。因为这是你的点子，你比任何人都清楚该准备哪些物品。

而一开始的实验就由我来主导。

呼……

为什么是你？这不就等于便宜了你吗？

我是说我只负责开场白的那一段和撰写报告。

……

哼……

102

换我来告诉你一个秘密。

心怡和我并没有真的在交往。

好！我要把事情的真相告诉小宇才行！

我一定得弥补我的过错！

生气

在这之前，我得先取得当事人的谅解。

科学实验补习班

我想……把你和心怡的事情告诉小宇，

你觉得呢？

如果我说不可以，你就不会说吗？

这……这个嘛……

犹豫不决……

你对抗生素耐受性有概念吗？

盖紧

抗生素耐受性？

那……那是当我们滥用抑制细菌的抗生素时，人体就会产生耐受性，

导致本来吃一颗就能痊愈的病情，就算吃了两颗也不会好转的现象，对吗？

我吃一颗就痊愈了。

轻松

同样的症状，我吃了三颗也没有好转。

痛……

我比任何人都清楚，信息的重要性在于有效运用在最适宜的地方。

可是……不知从何时起，我只专注于搜集信息，却疏忽了信息的运用。

小宇是你最好的朋友吧？

当我告诉你秘密时，我以为你一定会马上告知小宇。

而你却没有这么做。

吃

惊

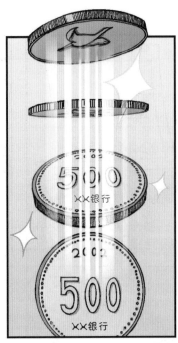

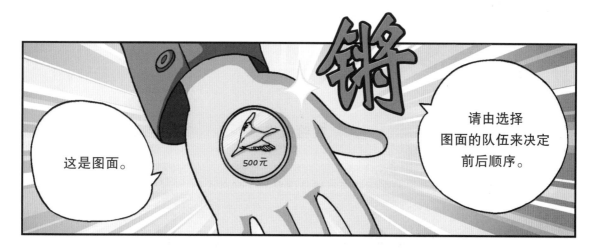

这是图面。

请由选择图面的队伍来决定前后顺序。

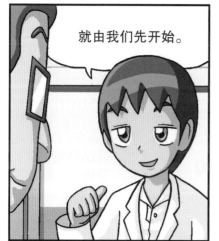

就由我们先开始。

好的。剩下的同学请先回座，

并欢迎这一支队伍的实验展示。

看啥？

哼！

# 萃取自己的DNA

| | **实验报告** |
|---|---|
| **实验主题** | 萃取拥有自己遗传信息的DNA并观察。 |
| **准备物品** | ❶ 浓度为25%的洗涤剂溶液　❷ 浓度为8%的盐水　❸ 试管　❹ 冰的乙醇　❺ 温度计　❻ 滴管　❼ 试管架　❽ 50℃的温水　❾ 冰块与烧杯　❿ 纸杯　⓫ 矿泉水 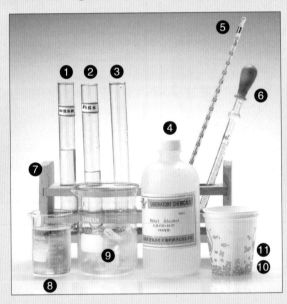 |
| **实验预期** | 用肉眼即可观察到从口腔上皮细胞提取的DNA。 |
| **注意事项** | 1. 用矿泉水用力漱口至少1分钟以上。<br>2. 混合溶液时，须轻轻摇晃，以免DNA溶解。<br>3. 50℃的水温须维持至少30分钟。 |

## 实验步骤

1. 用矿泉水用力漱口至少1分钟以上，吐出后，取约5毫升放入试管内。

2. 在❶的试管中，加入浓度为8%的盐水1毫升。盐水主要用于防止细胞膜的破裂，帮助DNA结合和沉淀。

3. 将浓度为25%的洗涤剂溶液1毫升滴入❶的试管内。洗涤剂的稀释溶液用来溶解细胞膜与核膜。

4. 用拇指堵住管口，并轻轻摇晃，使溶液混合均匀。

5. 将试管放入装有50℃温水的烧杯30分钟。50℃的温度可协助洗涤剂，使破坏DNA的分解酵素蛋白质改变，以保护DNA。由于DNA在80℃以上的温度下才会改变，因此不会受任何影响。

6. 取出试管，放入装有冰块的烧杯约5分钟，使之降温。

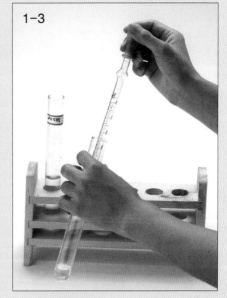

1-3

4

5

6

## 实验结果

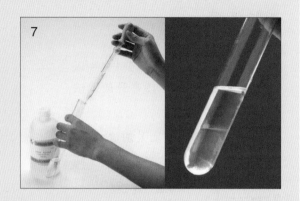

7. 将冰的乙醇10毫升顺着试管壁慢慢滴入试管，以便制造水和乙醇的分层。

8. 将试管垂直插入试管架，静待5分钟，并观察。

## 实验结果

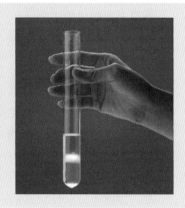

用眼睛即可观察到白色丝状物的DNA渐渐浮上乙醇层。

### 这是什么原理呢？

我们的身体是由无数细胞组成的，而DNA就贮存在细胞核中。DNA是呈双螺旋结构的有机化合物，携带有我们身体的遗传信息。在实验中，除了口腔上皮细胞的DNA外，其他的细胞构成物质则会被溶解，使得DNA能被分离出来，并利用DNA不会溶于乙醇的性质，使其浮在乙醇之中。这时之所以使乙醇保持冰冷状态，目的在于避免DNA在乙醇中解体；而随着从口腔剥离的上皮细胞数量的多少，DNA的数量也会增减。

# 博士的实验室2

博士，前面可是悬崖啊！

放心！我要向人类证明老鼠也能飞翔！

我一定会成功的！

博士！

哎呀！

我看您得先练习如何跑步呢！

不慎骨折时，切记不可任意移动骨折部位，固定于骨折处，以保持骨折部位不会晃动。

哎呀，好痛啊！

肿胀　肿胀

为了减少疼痛感，应先采取冰敷措施，并且尽可能将受伤部位垫高。

采取急救措施后，应前往医院就诊，以接受正确的诊断和治疗。

我打石膏了。

恭喜您。

# 第五部

精英的对决

而介于血浆和红细胞之间，有一层看起来比较模糊的部分，这就是血小板和白细胞。

这两种细胞主要执行对抗疾病的工作。

血小板在正常状态下，外形像平滑的小圆盘。被激化时，外形就变成了海胆的样子。

血小板

在血液中负责血液凝结及组织修护的功能。在血管受伤时，它和血液中的凝血因子合作，能及时帮助止血。

受伤

血小板可使血液凝结

结痂

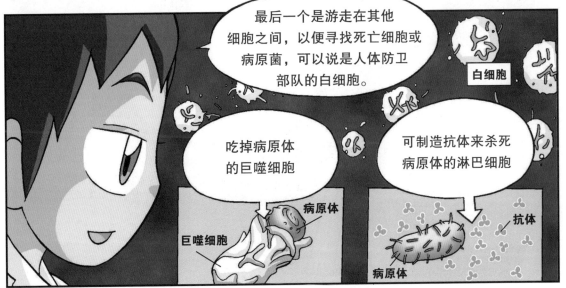

最后一个是游走在其他细胞之间，以便寻找死亡细胞或病原菌，可以说是人体防卫部队的白细胞。

白细胞

吃掉病原体的巨噬细胞

可制造抗体来杀死病原体的淋巴细胞

巨噬细胞

病原体

抗体

病原体

接下来的实验是与抗体有关的实验。

点头

竟然懂得做与抗体有关的实验？

……

江士元，我们是不是也该利用投影仪进行说明？

窃窃私语

啊？

不必！我们要做的实验比较适合在明亮的灯光下进行，而且这样会比较有效。

可是教室这么宽。

如病原体一般，能引起免疫应答的物质，我们称之为抗原。而为了攻击抗原所制造的免疫物质，则称之为抗体。

此外，具有抗体的血清，就叫作抗血清。

抗原

抗体

抗血清

各类抗血清

用于疾病的治疗，以及人类的血型鉴别。

啊！血型！

窃窃私语

用抗A血清抗体和抗B血清抗体确定血型，就是今天我们所要进行的实验。

那么，我们要开始了。

……

我看一下，东西都准备好了吗？

好了，我都确认过了。

窃窃私语

你们两个不看实验吗？

当务之急，是利用这个时间再次检查我们的实验物品。

没必要看这么无聊的血型鉴别实验吧。

127

好，现在各位应该很清楚我们三个人的血型了吧？

B型 O型 AB型

解说能力很强。

请你不要专注在他人的实验上，接下来就轮到我们了。

竟然把如此单纯的实验……

江士元！

132

一个人若想捐血，一定要捐给和自己相同血型的人。

否则，会产生血液凝结而导致生命危险。

A型可以捐给A型或AB型；B型可以捐给B型和AB型；O型可以捐给所有的血型；AB型则只能捐给AB型的人。

A型 → A型
A型 → AB型

B型 → B型
B型 → AB型

O型 → A型
O型 → B型
O型 → O型
O型 → AB型

AB型 → AB型

再者，

血型也具有从父母遗传的特征。

具有如此多项功能的血液，就是从我们骨骼内的骨髓制造出来的。

试问支撑力真的会比造血功能更重要吗？

135

人体中99%的钙质和85%的磷分布在骨骼和牙齿内。钙、磷等无机质使骨骼坚硬。

因实验所需，我们分别将鸡蛋和鸡骨事先浸泡在醋中一整天。

利用醋与钙质反应，使鸡骨和鸡蛋中的钙质流失，

鸡骨

鸡蛋

以降低蛋壳的硬度。

接下来，我们将流失钙质的鸡蛋和一般鸡蛋用绳子捆绑。

像这样用绳子轻轻地捆绑……

再以网覆盖，使打结的绳子从网中垂下，并把它吊挂在支架上。

143

老师！

啊……

老师！

匆匆忙忙

迟到了！
迟到了！

呜！

我发誓不会再买
廉价的闹钟了！

砰

# 生命科学如何影响我们的生活？

真正的遗传学始自19世纪中叶，尤其是相关规律发现后，科学家开始对细胞组织和进化、遗传等各种生物现象展开了一系列的研究。通过持续不断地研究，现在已经达到了解读人类DNA的程度，相信今后也会持续发展，并且会带给人类更多、更正面的影响。

## DNA鉴定

DNA是英文脱核糖核酸的缩写，呈双螺旋结构。DNA的碱基分为四类：鸟嘌呤（G）、胸腺嘧啶（T）、腺嘌呤（A）、胞嘧啶（C）。这些碱基排列形成的不同序列。DNA是储存遗传信息的基础。

采集血液、    萃取DNA    电泳    DNA分析
头发、唾液等   并放大

**DNA鉴定过程**

## 基因改造食品

经过基因改造，弥补农作物的缺点以及提高产能的农作物，我们称之为基因改造作物或转基因作物（GMO：Genetically Modified Organism）。美国在1994年已利用基因改造技术，延缓番茄成熟，使得缓慢成熟的番茄不易腐烂。

赞成者认为经基因改造改良的作物品种不仅可提高产量，增加抗病力，甚至可减少农药使用，进而为人类带来幸福。但反对者却担心，人吃了这些食物会导致人类基因也被"改造"。

**美国圣路易斯的基因改造玉米实验栽培场**
左半部为基因改造玉米，与右半部的一般玉米相比，其体形更大，并且受病虫害影响较小。

# 克隆动物

生物体通过体细胞进行无性繁殖，复制出遗传性状完全相同的生命物质或生命体，我们称之为"克隆"（clone）。

1997年，英国罗斯林研究所（Roslin Institute）以人工合成卵子培养胚胎的技术，成功复制了一只羊"多莉"，首创哺乳动物体细胞核复制成功之先例，因而震撼全球，而多莉的诞生也被视为20世纪末生物科技成就的里程碑。动物克隆技术应用在畜牧业，可以扩大遗传条件一致的高性能优良畜种的生产，保护濒危动物等。

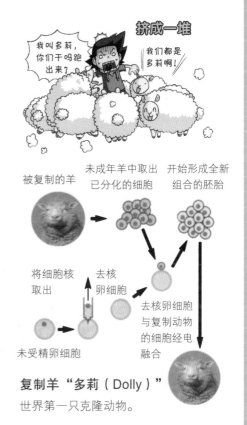

**复制羊"多莉（Dolly）"**
世界第一只克隆动物。

# 干细胞

干细胞是一类具有自我复制和多向分化潜能的原始细胞，在动物胚胎和成体组织中一直能进行自我更新，保持未分化状态，具有分裂能力。包括胚胎干细胞和成体干细胞两大类。干细胞在生命体由胚胎发育到成熟个体的过程中，扮演着关键的角色，担负着个体的各个组织及器官的细胞更新及受伤修复等重大责任。由于干细胞研究在许多国家被禁止，直到美国威斯康星大学的两位教授成功地将人类多功能胚胎干细胞在体外培养与繁殖，才掀起了全球对于干细胞研究的热潮。

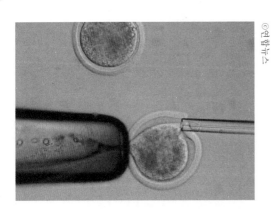

**在卵子内注入细胞**
体细胞移植后，经过4~5天的试管培养，即可制造胚胎干细胞。

# 第六部

# 尚未闭合的生长板

啊！

不行！

你给我站住！

我不准你跑出去！

啊……那里是……！

不准进我的房间！

紧急刹车

159

生理特点?

小动物就像人一样,也有自己的生理特点。

了解这一点,你才能够正确地帮狗狗洗澡。

我先问你,你对感官有概念吗?

你把我当白痴啊?也未免太瞧不起人了吧?

暴怒

好。味道是由什么来感受的?

当然是舌头!

不管是好吃的还是难吃的,都是用舌头来感受的!

点头

没错。我们可以用舌头表面的味蕾[1]来区分咸味、甜味、酸味、苦味,乃至辣味、涩味。

伸

注[1]:分布于哺乳动物舌头的表面,用以感受食物味道的器官。

但是，味道并非只是用舌头去感受的。

难不成你用手指头也可以感受吗？

咔啦

我们来做一个实验好不好？

你先把眼睛闭上，捏住鼻子，并猜出我放进你口中的食物是什么东西。

啊？你想考验我是吧？

啊

好！就让你瞧瞧我的本事！

来……

塞进

含

嗯，口感脆脆的，不是水果就是蔬菜。

好像还带有一点甜味……

咬咬

爵爵

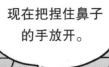
现在把捏住鼻子的手放开。

嗯？

天哪，好辣！这是洋葱！

对。通常我们所认为的口感，是来自于食物的颜色、形状、味道。

尤其对味道非常敏感。由于鼻孔的末端与口部相连，所以在咀嚼食物时，仍然能够闻到味道。

这和动物的生理特点有什么关系？难道小狗没有味觉吗？

狗的视力不是很好，而且对颜色的认知与人类不同，味蕾的数量也比人类少。

但是嗅觉细胞却是人类的40倍。

也就是说，
当人类进食时，
嗅觉、味觉和视觉会
均衡发挥作用，

但狗在进食时，
主要靠的是嗅觉，
其次是口感以及
食物的温度。

看起来已经
熟了呢！

味道也不错。

吃起来应
该不错。

这是肉的
味道！先吃
了再说！

闻 闻

看来跟我没什么
两样嘛！

唉……

你到底是不是人啊？
不过，皮肤的功能
就截然不同哦！

皮肤？
完全一模
一样啊！

滑溜溜
的……

嘿嘿

人体的皮肤主要功能是保护身体
不受外部环境的影响，同时也可以
使身体维持固定的体温。

感到寒冷时，
以颤抖的方式
提升体温，

风雪严寒

感到闷热时，
以流汗的方式
降低体温。

日晒

对，
汗水！

我也知道！汗水是从分布在全身的汗腺中流出来的！

毛孔
皮肤
汗腺

没错。但狗的身上没有能排汗的小汗腺[1]。

啊？
那怎么办？

咦，我没有汗腺？

唯一有小汗腺的部位是脚底，所以当它们感到闷热或兴奋时，脚底会流汗。

另外，它们会伸出舌头来调节体温。

黑黑

这么可怜！

黑嘿

啊……我以为除了有长毛以外，狗跟人的皮肤一模一样呢……

可怜的家伙

难过

你提到的毛就是重点。狗的体毛会随着皮肤的神经细胞所感受的刺激，调整形态，以达到御寒和防水的效果。

啪嗒

啪嗒

狗身上的毛有很好的防水效果。

注[1]：小汗腺，主要是排汗功能，人的全身皮肤都有分布，但狗只分布于脚底。
大汗腺，开口在毛发根部，人的腋下特别发达，而狗则全身上下都有，其分泌物是有体味的。

慢着！你说有防水功能……

那要怎么洗澡？

对了，就是这句话！你终于了解问题了！

啪

问……

如果依你的方法把小狗浸泡在肥皂水里，

小狗很有可能会因为残留的肥皂水而得皮肤病。

你真的很啰唆，我只想知道方法！

描绘

毛
污垢
皮肤

发飙

好吧，告诉你也好，免得你再跑来这里烦我。

得意

没错。

可……是……

问……

好，想知道方法就跟我进来吧！

166

啊!

唰唰唰唰

冲湿毛发生长方向的反方向时,要降低角度才对嘛!

擦拭

把身体充分冲湿后,将适量的犬用沐浴乳倒入水盆中,产生泡沫后,依序洗净头部、胸部、腹部、腰部和尾巴。

倒入水盆中……

起泡起泡

刷来刷去

人的皮肤是pH5.5的弱酸性,狗的皮肤则是pH7.5的弱碱性。有鉴于此,若把人类用的沐浴乳用在狗身上,会导致皮肤……

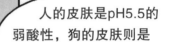

晃动

妈呀!

甩甩甩甩

……

全身都是

舔

167

170

听说聪明好像有话要跟你说，他没有找你吗？

啊？
聪明找我？

我想……应该是要跟你讲一件很有趣的事情。

哼！我可是每天都过得很快乐，少听一件有趣的事情也无所谓！

砰

咔嚓

总之，谢谢你今天的帮忙。

谢谢！

哼！

砰

呼……

没错……你们看起来，真的很有趣……

呃……

士元少爷！
我在这里。

震动

翁翁
翁翁

按

谨慎面对这次全国
大赛第一场对决的
队伍！
——匿名者

转

……

175

别操心，尽管放马过来！

我们将会是全国最强的队伍。

对不起，我的手比你快了一步。

这里和黎明小学实验社截然不同。

士元……

士元！

士元！

士元！
好久不见！

我们终于可以开始准备全国大赛了！

嘻 嘻

小子啊，你又给我迟到了。迟到大王！

我并没有迟到，是你们来得早。

呼……

怎样? 你去那里到底学到了什么?

嗅 嗅 嗅

可疑的味道

我想……应该是士元让其他人大开了眼界才对。

没错,士元这么厉害。

婴儿

幼儿

青年

生长板

在人体中,如手臂、手指、腿、脚趾等骨骼与骨骼相连的部位,有一种东西我们称之为生长板。

在生长板尚未闭合前,我们便会持续成长,身高也会持续增长。

而当成长的阶段结束时,生长板便会变得坚硬进而闭合。

言下之意，表示我们的生长板尚未闭合了？

对啊，因为我们还在成长啊！

没错。

我当然也还在成长的阶段，就像你们一样。

慢着！你的意思是？

你去了精英教育院后，终于发现自己的实力其实不算什么对吗？

不要太气馁！我会好好照顾你的。

嘲笑

嘲笑

嘲笑

孩子们！你们在那里干吗呀？赶快进实验室！

好，老师！

小宇……

嗯？

我有话要跟你说。

啊！

对哦！有趣的事情！

紧张

什么事？你说吧，快点啊！

期待
偷瞄
期待
期待

嗯……我要说的是……

轻声细语

听说……心怡和艾力克两个人，其实没有真的在交往！

是艾力克恳求心怡帮忙！

轻声细语

所以真相是……

呆……

唯！

那是真的吗？真的是真的吗？

是……真的！

等等，艾力克他这么做到底有什么目的呢？

还有，你又是怎么知道的？

心虚！

听说小倩喜欢的人并不是我。

哈哈

怎……么可能？

那为什么她经常围绕在你的身边……

变身

小倩她该不会……！

嗯？

吃惊

又是士元那个家伙吧？这些女孩子到底是怎么搞的？

你说对不对？

我也觉得很纳闷。

喂

聪明，别气馁。这表示老天爷要你另寻他人。

# 人体的骨骼

　　骨骼是人体内坚硬的、主要起支撑作用的部分。

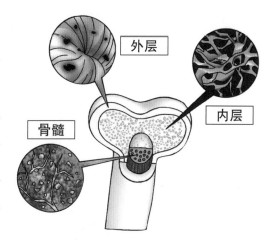

外层

内层

骨髓

　　人体的骨骼有复杂的内在结构和不同的外在形状，使骨骼在较轻重量下能够保持坚硬。骨骼的成分之一是钙化的组织，其内部是坚硬的蜂巢状立体结构；其他组织还包括了骨髓、骨膜、神经、血管和软骨。成人有206块骨头。骨与骨之间一般由关节和韧带连接。

## 关节的种类

　　关节是骨骼与骨骼连接的地方。可分为不动关节、半关节和动关节三类。

颈椎与头骨相连，可让头部左右转动的旋转关节。

头骨虽由数块骨骼组成，但出生时便开始结合，骨缝有锯齿边缘，由结缔组织锁合在一起，是不动关节。

肩胛骨呈倒三角形，不与任何骨头形成关节，完全依赖肩胛周围肌肉的拉力固定。

手骨人体中具有最多关节的部位，可做各式各样的精细运动。

髌骨人体中最大的籽骨，位于膝关节的最前端，可为伸膝动作创造良好的力学条件。

## 骨骼的功能

骨骼由骨和骨连接组成，大致可分为四种功能。

**维持体形**：支撑肌肉及身体的重量，维持身体姿势。

**保护内脏**：保护脑、心脏、肝脏等重要器官，以免受到外部的撞击。

**运动功能**：骨与骨连接的关节部位，可使身体自由自在地活动。

**造血功能**：骨骼内的骨髓有造血功能。

# 人体的肌肉

我们在脸上做出表情、用手握住物体或跑跑跳跳等所有动作，都需要肌肉收缩来完成。人体共有约600多块骨骼肌。我们可通过锻炼，使肌肉变得更强大、更坚韧、更致密、更有力。胃或心脏等处的肌肉不受个人的主观意识控制，而是由内脏本身的自主神经系统来控制，但手臂与腿等处的肌肉则必须先由大脑下达命令后，才会做出相应的反应。

## 肌肉的种类

**平滑肌**由排列较规则的平滑肌细胞构成。肌纤维细胞呈长梭形，中央有一个杆状或椭圆形的核，无横纹结构。主要分布于消化管、呼吸道、血管等管壁内。

**心肌**由心肌细胞构成，分布于心壁和邻近心脏的大血管壁上。心肌纤维呈不规则的短圆柱状，有分支，互连成网。

**骨骼肌**由骨骼肌细胞构成，附着在骨骼上，在神经的支配下收缩或舒张。骨骼肌纤维呈长圆柱形，多核，有明暗相间的周期性横纹，由运动神经支配。

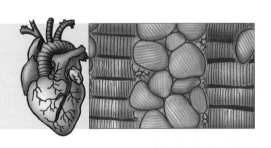

## 肌肉的动作

肌肉的主要作用是通过收缩产生各种不同的动作。当肌肉受到刺激，而且刺激的强度够大的时候，就会产生肌肉收缩的情况；如果刺激的强度不足，肌肉便不会做出反应。

胸大肌近固定时，可使上臂屈、内收、内旋；远固定时，拉引躯干向上臂靠拢，还可提肋助吸气。

肱二头肌位于上臂前面皮下，近固定时，使上臂在肩关节处屈；远固定时，使上臂向前臂靠拢。

胫骨前肌位于小腿前外侧皮下。近固定使足完成背屈，远固定使小腿前移。

股四头肌位于大腿前方，作用为屈髋伸膝，由座位起立时可感受其收缩。

# 人体的免疫系统

人体用来对抗外来病菌入侵、免于生病的能力叫作免疫力；人体的免疫系统由免疫细胞、胸腺及淋巴结等组成。其中，免疫细胞基本上来自骨髓，由干细胞负责制造，所以骨髓是第一重要的免疫系统大本营。至于胸腺，则是第二重要的免疫组织。胸腺位于胸骨柄后方，主要功能是诱导免疫细胞辨别身体中哪些是"自己人"，哪些是"敌人"。例如淋巴细胞，其主要职责是与入侵的"敌人"肉搏，一旦从骨髓"诞生"后，马上会到胸腺报到，在那里接受辨认敌我的教育和品质检查。胸腺细胞有一套关于"自我"的资料供免疫细胞辨认。假如某一个淋巴细胞"辨别敌我"的能力明显不足或有偏差，倾向于对付"自己人"，胸腺细胞便会毫不客气地命令这一个淋巴细胞自我毁灭。免疫系统攻击"自己人"、破坏身体器官的现象，我们称之为"自身免疫"疾病，例如红斑狼疮、牛皮癣等疾病，都是起因于免疫系统失调。

**白细胞：**人体内负责对抗、消灭入侵病菌的重要细胞，当白细胞数量不够时，不只是由外面入侵的细菌会造成严重的感染，连本来在体内被控制得很好的细菌也会起来作怪，造成持续发烧、肺炎、泌尿道感染、肛门周围脓疡等症状。如果病人本身的健康状况欠佳，白细胞数量下降太快、下降持续的时间过久，则可能引起败血症，甚至进一步引发败血性休克、器官功能衰竭等。

**预防接种：**人体获得免疫力的方式有很多种，例如母亲在怀孕及哺乳时，就会通过胎盘与乳汁将部分免疫力传给宝宝。有时染上疾病（例如麻疹）而痊愈后，也可以获得相应的免疫力，但通过这种方式获得的免疫力并不持久，而且有一定危险性。

现在控制传染病、获得免疫力最安全、最有效的方法，就是打疫苗。疫苗中含有降低病毒活性的病原体，是用加热或化学方法处理过，减毒或杀死细菌或病毒致命的毒性，但是保留了细菌或病毒能被免疫系统辨认的抗原。接种疫苗后，能够诱导免疫系统产生对抗这类病原体的反应（获得免疫力），当下次真的遭受到细菌或病毒攻击时，就能有效保护人体。

**过敏：**过敏是指生物体对外来的异物所产生的一种不适当反应，这种引起过敏反应的异物，我们通称为过敏原。这些过敏原与其所产生的抗体在体内相互作用时，可以使我们各种器官组织的细胞出现水肿、发炎，肌肉的平滑肌出现收缩、痉挛，因而产生一系列的疾病，包括哮喘、过敏性鼻炎、食物过敏、昆虫螯刺过敏、皮肤过敏、过敏性结膜炎等。

过敏症状常见的种类如下：

**哮喘：**一种呼吸道的急慢性发炎性疾病，会引起呼吸道过度敏感，以及可恢复性的呼吸道阻塞现象。

**皮疹：**一种皮肤过敏现象，症状为皮肤起疹、发烧、皮肤瘙痒。

**过敏性鼻炎：**身体的免疫系统对于外来物质过度反应而引起鼻腔黏膜发炎的一种疾病。

## 图书在版编目（CIP）数据

基因与遗传/韩国小熊工作室著；(韩)弘钟贤绘；徐月珠译. —南昌：二十一世纪出版社集团，2018.11(2025.3重印)

（我的第一本科学漫画书. 科学实验王：升级版；8）

ISBN 978-7-5568-3824-0

Ⅰ.①基… Ⅱ.①韩… ②弘… ③徐… Ⅲ.①基因工程－少儿读物 ②遗传学－少儿读物 Ⅳ.①Q78-49 ②Q3-49

中国版本图书馆CIP数据核字(2018)第234058号

版权合同登记号：14-2009-115

我的第一本科学漫画书

科学实验王升级版❽基因与遗传　　[韩] 小熊工作室/著　　[韩] 弘钟贤/绘　　徐月珠/译

| | |
|---|---|
| 责任编辑 | 杨　华 |
| 特约编辑 | 任　凭 |
| 排版制作 | 北京索彼文化传播中心 |
| 出版发行 | 二十一世纪出版社集团（江西省南昌市子安路75号　330025） |
| | www.21cccc.com（网址）　　cc21@163.net（邮箱） |
| 出版人 | 刘凯军 |
| 经　销 | 全国各地书店 |
| 印　刷 | 江西千叶彩印有限公司 |
| 版　次 | 2018年11月第1版 |
| 印　次 | 2025年3月第14次印刷 |
| 印　数 | 89001～98000册 |
| 开　本 | 787mm × 1060mm 1/16 |
| 印　张 | 12 |
| 书　号 | ISBN 978-7-5568-3824-0 |
| 定　价 | 35.00元 |

赣版权登字-04-2018-406

购买本社图书，如有问题请联系我们：扫描封底二维码进入官方服务号。服务电话：010-64462163（工作时间可拨打）；服务邮箱：21sjcbs@21cccc.com。